BEI GRIN MACHT SICH IHR WISSEN BEZAHLT

- Wir veröffentlichen Ihre Hausarbeit,
  Bachelor- und Masterarbeit

- Ihr eigenes eBook und Buch -
  weltweit in allen wichtigen Shops

- Verdienen Sie an jedem Verkauf

Jetzt bei www.GRIN.com hochladen
und kostenlos publizieren

Bibliografische Information der Deutschen Nationalbibliothek:

Die Deutsche Bibliothek verzeichnet diese Publikation in der Deutschen National-
bibliografie; detaillierte bibliografische Daten sind im Internet über http://dnb.d-
nb.de/ abrufbar.

Impressum:

Copyright © 2009 GRIN Verlag, Open Publishing GmbH
Druck und Bindung: Books on Demand GmbH, Norderstedt Germany
ISBN: 9783640659579

Dieses Buch bei GRIN:

http://www.grin.com/de/e-book/153742/der-einzelhandel-und-dessen-einfluss-auf-
wertschoepfungsketten

Robert Müller

Der Einzelhandel und dessen Einfluss auf Wertschöpfungsketten

GRIN Verlag

GRIN - Your knowledge has value

Der GRIN Verlag publiziert seit 1998 wissenschaftliche Arbeiten von Studenten, Hochschullehrern und anderen Akademikern als eBook und gedrucktes Buch. Die Verlagswebsite www.grin.com ist die ideale Plattform zur Veröffentlichung von Hausarbeiten, Abschlussarbeiten, wissenschaftlichen Aufsätzen, Dissertationen und Fachbüchern.

Besuchen Sie uns im Internet:

http://www.grin.com/

http://www.facebook.com/grincom

http://www.twitter.com/grin_com

Inhaltsverzeichnis

1. Einleitung

Wertschöpfungsketten im Allgemeinen sind stets geprägt von Machtstrukturen innerhalb dieser. Einzelne, vermeintlich schwächere Akteure sind gezwungen sich stärkeren Gliedern unterzuordnen und Bedingungen zu akzeptieren, die unter anderen Voraussetzungen nicht herrschen würden. In den vergangenen Jahren trat verstärkt der Einzelhandel als Akteur in den Vordergrund. Wie Dannenberg in seinen Untersuchungen feststellte, „...sehen sich Landwirte (in Brandenburg und Polen, eigene Anmerkung) durch Einzelhandelsketten aber auch durch Verbraucher und Politik einem hohen Preisdruck und/oder Qualitätsdruck ausgesetzt..." (2007, S.155). Sie sind dadurch angehalten durch geeignete Maßnahmen auf die geänderten Bedingungen zu reagieren um weiterhin gewinnbringend wirtschaften zu können. Im Folgenden soll der Einzelhandel als Akteur, die Geschichte seiner Entwicklung sowie die Gründe für den Machtzuwachs innerhalb der Wertschöpfungsketten betrachtet werden.

2. Einzelhandel in Deutschland

Definition:

„Absatz von Gütern an Endverbraucher durch spezielle Handelsbetriebe, die die Waren vom Großhandel oder vom Produzenten beziehen und in der Regel ohne Be- und Verarbeitung weitergeben." (wirtschaftslexikon24.net, 2009)

Der Einzelhandel unterliegt seit einigen Jahren einem anhaltenden Strukturwandel. Die wirtschaftlichen Rahmenbedingungen, insbesondere die Folgen der Weltwirtschaftskrise, üben einen stetigen Handlungsdruck auf die deutschen Einzelhandelsunternehmen aus. Bereits seit den frühen neunziger Jahren kam es wiederholt zu Umsatzeinbrüchen. Laut einer Verdi-Studie (Quelle?) hatte dies eine Wettbewerbsverschärfung einerseits zwischen den Unternehmen und andererseits zwischen einzelnen Betriebsformen zur Folge.

Abb.1: Marktanteilentwicklung der Geschäftstypen in der BRD in %

Betriebsform	1997	2007
SB-Warenhäuser (ab 5000 qm)	13,1	13,2
Große Verbrauchermärkte (1500-4999qm)	13,6	16
kleine Verbrauchermärkte (800-1499 qm)	14,4	13,6
Discounter ohne Aldi	15,9	23,7
Aldi	13,8	17,4
Supermärkte (400-799qm)	11,8	8
restliche Geschäfte (<400qm)	17,4	8,1

Quelle: eigene Darstellung nach: Metro Handelslexikon 2007/2008, S.26

Während sich die Anbieter im Zuge des anhaltenden Wettbewerbsdrucks mit immer stärkeren Preisnachlässen unterboten, wurde der innerstädtische Einzelhandel zunehmend von Standorten in den urbanen Randgebieten abgelöst. (2002, S.5) „Dadurch hat sich bei der räumlichen Verteilung des Einzelhandels die herausragende Position der Innenstadt deutlich abgeschwächt" (Meyer, 1992, S. 250). Entscheidend für diese Entwicklung sind zum Einen die gestiegene Mobilität der Verbraucher und zum Anderen die Zunahme der Verkaufsflächen (vgl. Verdi, 2002, S.5). Ein weiterer Grund ist das Kaufverhalten der Kunden, das sich auch seit einigen Jahren einer starken Wandlung unterzieht. Dies führte in einigen speziellen Bereichen zu einer Spezialisierung in Form von Fachmärkten (Abb.2) und in anderen Bereichen zu Despezialisierungen in Form von Verbrauchermärkten mit einem vielfältigen Warenangebot. Eine vom restlichen Europa abgegrenzte Entwicklung ist die in der BRD seit den 1960er Jahren auftretende Manifestation Etablierung von Lebensmitteldiscountern. Mit Marktstrategien, wie beispielsweise einem begrenzten, dauerhaft sehr preiswerten Angebot, setzen sie andere Einzelhandelsunternehmen zunehmend unter Anpassungsdruck. Folge war der Einbruch der Gewinnmargen seit endgültigem Anstieg der Discountsparte Anfang der 90er Jahre. Abbildung 1 zeigt den Anstieg des Marktanteils der Discounter am Gesamtumsatz (mit Aldi), im Zeitraum von 1997 bis 2007, um 11,4 % auf 41,1 %. Im Jahr 2006 setzten die Discounter Waren im Wert von etwa 54 Milliarden Euro um (BVL, 2007). Allein Aldi als größter Lebensmitteldiscounter steigerte seinen Anteil am gesamtdeutschen Markt zwischen 1997 und 2007 um 3,6% (vgl. Abb.1). Aldi gilt als Signalgeber im deutschen Einzelhandel, dem andere Discounter und Supermärkte mit kurzem Abstand folgen. Auch bei der Anzahl der Geschäfte nehmen die Discounter mit etwa 14800 Ladeneinheiten einen stetig wachsenden Anteil ein. Im Jahr 2007 entsprach dies schon 26.9 % der gesamten Geschäfte der deutschen Einzelhandelsunternehmen. Im Vergleich dazu hatten die Supermärkte mit 8170 Geschäften einen Anteil von 14,9 % (vgl. BVL, 2009). Den zweitgrößten Marktanteil mit 29,2%, nehmen aktuell die großen Verbrauchermärkte und SB-Warenhäuser mit einer Verkaufsfläche ab 1500 m² ein. Die stärksten Einbußen mussten die Geschäfte mit

Abb.2: Struktur des Einzelhandels in Deutchland

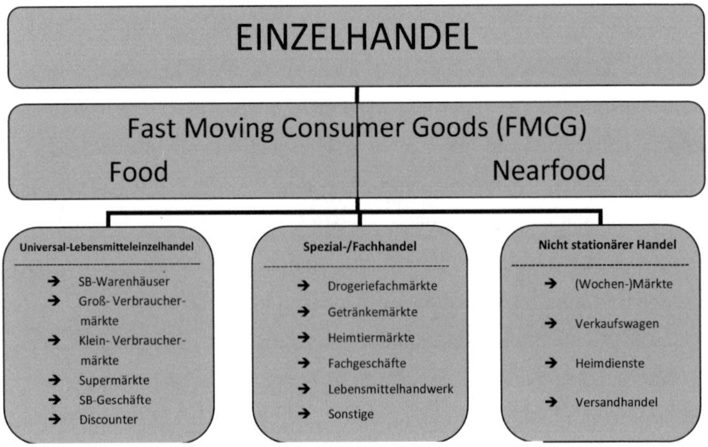

EINZELHANDEL

Fast Moving Consumer Goods (FMCG)
Food   Nearfood

Universal-Lebensmitteleinzelhandel	Spezial-/Fachhandel	Nicht stationärer Handel

→ SB-Warenhäuser
→ Groß- Verbraucher-
   märkte
→ Klein- Verbraucher-
   märkte
→ Supermärkte
→ SB-Geschäfte
→ Discounter
	→ Drogeriefachmärkte
	→ Getränkemärkte
	→ Heimtiermärkte
	→ Fachgeschäfte
	→ Lebensmittelhandwerk
	→ Sonstige
		→ (Wochen-)Märkte
		→ Verkaufswagen
		→ Heimdienste
		→ Versandhandel

Quelle: eigene Darstellung nach: Metro Handelslexikon

einer Verkaufsfläche von weniger als 800 m² Verkaufsfläche. Ihr Anteil fiel von 29,2 % im Jahr 1997 auf nur noch 16,1 % im Jahre 2007. Die steigenden Betriebs- und Unterhaltskosten kompensieren die Unternehmen größtenteils durch Personaleinsparung (vgl. Verdi, 2002, S.6). Neben den Lebensmitteldiscountern ist der Einzelhandel vor allem durch Einzelhandelsverbundgruppen, in denen mehrere unternehmen zusammengefasst sind, geprägt. Diese verbuchten bereits im Jahr 2002 rund ein Drittel des Gesamtumsatzes (Wortmann, 2003, S.4). Bedeutende Verbundgruppen sind

Tab.1: Entwicklung von Beschäftigten und Umsatz im Einzelhandel in Deutschland

	Einheit	1995	2000	2005	2006	2007	2008
Beschäftigte	1000	2761,4	2553,2	2547,1	2768,3	2749,0	2746,2
Umsatz	Mio. Eur	316 697	321 493	348 186	380 171	383 593	377 456

Quelle: eigene Darstellung nach: Statistisches Jahrbuch 2009, S. 401

Tengelmann oder EDEKA. In Tabelle 1 fällt vor allem die fluktuierende Beschäftigungszahl auf. Dem gegenüber steht ein bis zum Jahr 2007 stetig wachsender Umsatz. Einzig das Jahr 2008 verzeichnete einen deutlichen Umsatzrückgang. Dies ist wohl auf das zögerliche Kaufverhalten im Zuge der Weltwirtschaftskrise zurück zu führen. Diesbezüglich gilt es jedoch genauere Analyseergebnisse abzuwarten. Aktuelle Statistiken des Statistischen Bundesamtes bestätigen einen erneuten Umsatzrückgang. Im September 2009 setzte der Einzelhandel im Vergleich zum Vorjahresmonat 3,9% weniger um (vgl. Statistisches Bundesamt, 2009, Pressemitteilung Nr.412).

3. Entwicklung der Einzelhandelsstrukturen in Deutschland

3.1 Entwicklung in der BRD

Betrachtet man die Entwicklung des deutschen Einzelhandels vom Ende des Zweiten Weltkrieges bis heute, so treten mehrere Entwicklungen in den Vordergrund. Kulke zählt den Wandel vom personalkostenintensiven Bedienungsladen hin zum personalkostensparenden Selbstbedienungsladen als wichtiges Resultat des Betriebsformenwandels (vgl. 2004, S.153). Dies trifft zugegebenermaßen nicht auf alle Bereiche des Einzelhandels zu, stellt jedoch auf den Lebensmitteleinzelhandel bezogen, die

Abb.3: Merkmale und Entwicklungsphasen von Betriebsformen im Einzelhandel

Betriebsform	Fläche (m²)	Bedienform	Preisniveau	Sortiment	Marktbedeutung 1950 1970 1990 2000
Bedienungsladen	Klein	Fremd	hoch	food	
SB-Laden	bis 400	SB	mittel	food	
Supermarkt	> 400	SB	mittel	Food & Begleitsortiment	
Verbrauchermarkt/ SB-Warenhaus	> 1500	SB	niedrig	Food & non-food	
Discounter	> 400	SB	sehr niedrig	food	
Fachgeschäft	Klein bis mittel	Fremd	hoch	Non-food	
Kaufhaus	> 1000	Selbst/fremd	mittel	Non-food	
Warenhaus	> 3000	Selbst/fremd	mittel	Non-food	
Fachmarkt	Ab 400 bis > 20000	SB	niedrig	Non-food	
Discounter	> 400	SB	sehr niedrig	Non-food	

Nach: Kulke 2004, S.151

dominierende Betriebsform dar. Die Anzahl der SB-Läden stieg im Zeitraum von 1951 bis 1965 von 39 auf 53125 Läden (vgl. Disch, W, 1966, S. 60f.), worauf eine Netzausdünnung von etwa 154000 Betrieben im Jahr 1966 auf 60361 Betriebe im Jahr 1990 folgte. Die mittlere Verkaufsfläche erhöhte sich in dieser Zeit jedoch von 53m^2 auf 283m^2 (vgl. Kulke, 1996, S. 8). Die in Kapitel 2 beschriebene Flächenexpansion hatte ihren Ursprung somit bereits weit vor dem Mauerfall. Eine weitere Hauptrichtung der Entwicklung war die immer weiter fortschreitende Filialisierung des Einzelhandels. „Bei Filialistensystemen führt ein Mehrbetriebsunternehmen an verschiedenen Standorten Filialbetriebe; durch sie können die Umsatzpotenziale verschiedener Raumeinheiten erschlossen und gleichzeitig interne größenbedingte Kostenersparnisse realisiert werden (economies of scale)" (Kulke, 2006, S.157). Diese Filialisierungswelle, wie sie Vogels, Boll & Birk bezeichneten, setzte sich bis heute in vielen Zweigen des deutschen Einzelhandels durch (1998, S.12). Die Filialisierung hatte zur Folge, dass traditionelle Einzelhändler durch die Konkurrenz der kostengünstigeren Betriebsform auf Dauer nicht wettbewerbsfähig bleiben konnten. Dadurch entwickelte sich ein immer einheitlicheres Stadtbild, da die großen Filialen in der Lage sind deutschlandweit und auch zentrumsnah zu agieren. So lag der Filialisierungsgrad im Jahr 1995 zwischen 40 und 60% in allen größeren westdeutschen Städten, in Köln sogar bei 85% (vgl. Baasch, 2006, S. 9).

3.2 Einzelhandel in der DDR

Dem marktwirtschaftlichen System in Westdeutschland stand das sozialistische, planwirtschaftliche System der sowjetischen Besatzungszone, später der DDR, gegenüber. Die staatlich gelenkte Wirtschaft schloss Wettbewerb der Einzelhandelsbetriebe untereinander von vornherein aus. Wie die Abbildung 4 zeigt, nahmen die Läden der Handelsorganisation (HO) mit 40% den größten Anteil am Gesamtumsatz des Einzelhandels der DDR ein. Den zweitgrößten Anteil mit 30 % nahmen die Ge-

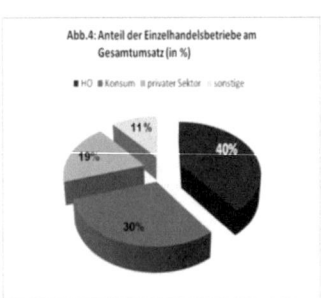

Quelle: Eigene Darstellung nach Metro Handelslexikon 2007/2008. S 12

6

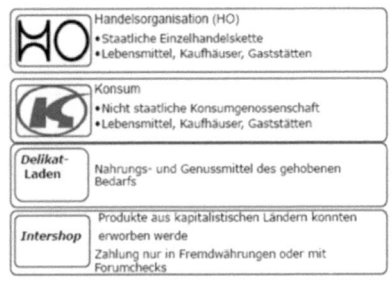

Abb.5: Einzelhandelsmarken der DDR

	Handelsorganisation (HO) • Staatliche Einzelhandelskette • Lebensmittel, Kaufhäuser, Gaststätten
	Konsum • Nicht staatliche Konsumgenossenschaft • Lebensmittel, Kaufhäuser, Gaststätten
Delikat-Laden	Nahrungs- und Genussmittel des gehobenen Bedarfs
Intershop	Produkte aus kapitalistischen Ländern konnten erworben werde Zahlung nur in Fremdwährungen oder mit Forumchecks

Quelle: Eigener Entwurf

schäfte der nichtstaatlichen nossenschaft ein. Diese ten hatten ihren Ursprung bereits in den Anfangsjahren des 20. Jahrhunderts und wurden nach Zwangsenteignung und Verbot in der Zeit des Nationalsozialismus wieder zugelassen und entschädigt. Sie wuchsen zum zweiten Standbein des DDR-Einzelhandels heran (vgl. MDR, 2009). Ziel war es, durch Bündelung der Kaufkraft, den Großhändlern gegenüber günstigere Einkaufskonditionen zu erwirken. Sie waren, genau wie der private Einzelhandel, auf Überlassungsabkommen der HO angewiesen, wollten sie staatlich rationierte Waren verkaufen (vgl. Berekoven 1986, S.152). Mit etwa 400.000 Beschäftigten stellte der EH einen der wichtigsten Arbeitgeber des Landes. „Wegen der staatlichen administrierten Festpreise und der einheitlichen Sortimente hatten die Verbraucher wenig Veranlassung, dem nächst gelegenen Geschäft ein anderes vorzuziehen" (Spannagel 1995, S. 266. In: Panic 1999, S.47). Dies führte zu vielen kleinen Verkaufsstellen ohne kundenorientierte Serviceleistungen. Die durchschnittliche Verkaufsfläche lag noch in den 1980er Jahren bei 64m², wobei eine Vielzahl der Läden nur 25m² und weniger aufwies (Berekoven 1986, S.153). In den letzten Jahren vor dem Mauerfall wurde vor allem die Betriebsform der „Kaufhallen" unterstützt bekannt und deren Verbreitung aktiv unterstützt.

3.3 Probleme des ostdeutschen Einzelhandels nach der Wiedervereinigung

Die Wiedervereinigung und damit der Eintritt in ein bis dahin fremdes und rivalisierendes Wirtschaftssystem führten zu starken Veränderungen innerhalb der Einzelhandelsstrukturen der neuen Bundesländer. „Kein anderer Wirtschaftszweig hat sich seit der Wende und Einführung der Marktwirtschaft in den neuen Bundesländern derartig, geradezu explosionsartig entwickelt wie der Einzelhandel" (Landesumweltamt Brandenburg 2002, S.9). Bis zum Juni 1991 waren bereits alle ehemaligen HO-Verkaufsläden an neue Eigentümer verkauft. Betriebe mit Verkaufsflächen über 100m² gingen dabei überwiegend an große westdeutsche Einzelhandelsketten, die sofort nach der Maueröffnung auf den neuen, zum Wachstum gezwungenen Markt vordrängten. Pütz stellte in seiner Arbeit aus dem Jahr 1994 fest, dass sich westdeutsche Großfilialisten durch Übernahme von teilweise ganzen Handelszweige praktisch „oligopolische Strukturen" schafften (1994, S.342). In Jena wurde dies besonders deutlich. Dort wurden 70% des ehemals staatlichen Handels an das Unternehmen REWE verkauft. "Wir sind pausenlos durchs Land gefahren und haben nach Standorten gesucht. Die mussten aber 1 a sein", sagte Sack, 1990 Niederlassungsleiter von REWE in Niedersachsen (vgl. Seidel 2009). Der Prozess des Strukturwandels vollzog sich in der ehemaligen DDR in rasanter Weise. Strukturen, die in der BRD über Jahrzehnte reiften, vollzogen sich in den neuen Ländern explosionsartig. Allein bis 1991 verdoppelte sich die Verkaufsfläche im Einzelhandel (vgl. Pütz 1994, S. 339). Insgesamt ist der Einzelhandel der ehemaligen DDR geprägt von der Übernahme westdeutscher Unternehmen. Wie auch in anderen Wirtschaftszweigen hatte die Umstrukturierung auch im Einzelhandel Massenentlassungen zur Folge. „Statt neue Arbeitsplätze zu schaffen, die einen Ausgleich für die Verluste in anderen Wirtschaftszweigen hätten bieten können, sind heute in den neuen Bundesländern fast ein Drittel weniger Personen im Einzelhandel beschäftigt als in der DDR." (Jacobsen 1997, S.13).

4. Einzelhandel in Polen

Die Einzelhandelssituation in Polen kann, zumindest bis zum Jahr 1990, mit der der damaligen DDR verglichen werden. Auch hier wurde von politischer Ebene her einer marktwirtschaftlichen freien Entwicklung entgegengewirkt. Standortentscheidungen wurden nicht in Abhängigkeit von wirtschaftlichen Kriterien, sondern ausschließlich auf politischer Ebene getroffen. Der Anteil privater Einzelhändler wurde durch Steu-

Tab.3: Marktanteile des sozialistischen und privaten Einzelhandels in Polen, 1946-1989

Eigentumsform	Anteil am Umsatz			
	1946	1955	1978	1989
staatlich	9%	43%	29%	36%
genossenschaftlich	21%	54%	69%	59%
privat	70%	3%	2%	5%

Quelle: Eigene Darstellung nach Earle et al.,1994 in: Pütz, 1998, S.39

ererschwernisse und andere Restriktionen von 70 % im Jahr 1946 auf unter 6 % gezwungen (vgl. Tab.3). Einzig der Anteil der Konsumgenossenschaften verhielt sich in den Jahren unter sozialistischem Herrschaftssystem anders als bei anderen Staaten Osteuropas. Während Polen mit über 50 % einen vergleichsweise hohen Anteil verzeichnete, verfolgten alle anderen Ostblockstaaten die Strategie, den Genossenschaften nur die Versorgung des ländlichen Raumes zu überlassen und die Städte durch den staatlichen Einzelhandel zu versorgen. In diesen Staaten kam es in der Regel nie zu einem höheren Anteil der Genossenschaften als 30% (vgl. Pütz 1997: S. 516). Fehlplanungen und unrealistische Vorgaben im Rahmen der Fünfjahrespläne, führten dazu, dass das Einzelhandelssystem zu keiner Zeit die Versorgung der Bevölkerung mit Konsumgütern gewährleisten konnte. Folgen waren massive Streikwellen und Proteste anderer Form. „Polen gelang es nach dem Zusammenbruch des sozialistischen Systems von allen Ländern Ostmitteleuropas am schnellsten und tiefgreifendsten, marktwirtschaftliche Verhältnisse im Einzelhandel herbeizuführen." (Earle at al. 1994: S. 175). Bereits in den ersten beiden Jahren nach dem Wegfall des Eisernen Vorhangs gingen 58 % ehemals staatlicher oder genossenschaftlicher Flächen verlustig. Gleichzeitig erhöhte sich in diesem Zeitraum der Anteil privatwirtschaftlicher Verkaufsflächen von ehemals 5 % auf nun 90% (vgl. Pütz 1997: S. 516).

5. Einflussnahme des Einzelhandels auf Wertschöpfungsketten

In den Wertschöpfungsketten nimmt der Einzelhandel eine besondere Rolle ein. Neben der klassischen Form (vgl. Abb.7), in welcher Waren- und Informationsströme nur in eine Richtung transferiert werden, haben sich in den letzten Jahren verschiedene neue Ansätze von Wertschöpfungsketten herausgebildet. Betrachtet man die beiden Grundformen von Wertschöpfungsketten wie sie schon Kulke thematisierte, nämlich die „producer-driven commodity chain" und die „buyer-driven commodity chain" (vgl. 2004, S. 121), so findet man im Lebensmitteleinzelhandel vorrangig die letztere der beiden vor. Merkmal der „buyer-driven commodity chain" ist ein großes

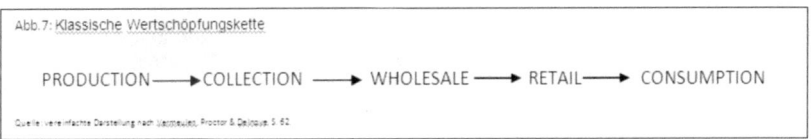

Abb.7: Klassische Wertschöpfungskette

PRODUCTION ⟶ COLLECTION ⟶ WHOLESALE ⟶ RETAIL ⟶ CONSUMPTION

Quelle: vereinfachte Darstellung nach Leatheuen, Proctor & Deitous S. 62

Unternehmen (lead firm), welches durch bessere Marktzugangsbedingungen oder durch Informationsvorteile Macht auf Zulieferer und Produzenten ausüben und somit die Produktion und den Preis beeinflussen kann. Dem gegenüber steht eine große Anzahl von Produzenten und Zulieferern, die nur begrenzte oder keine Einflussmöglichkeiten innerhalb der Wertschöpfungskette haben. Die Machtbeziehungen laufen also in entgegengesetzte Richtung (vgl. Abb.8) als bei der klassischen „commodity chain". Bezüglich der Governance-Formen, die vor allem von Gereffi und Sturgeon definiert wurden, ist der Einzelhandel in seiner heutigen Form klar der gebundenen (captive) Form der Governance zuzuordnen. Dies zeichnet sich vor allem durch eine hohe Zahl an Zulieferern und Produzenten aus, denen eine nur geringe Zahl von (Einzelhandels-)Unternehmen gegenüber steht, welche jedoch über eine große Power innerhalb der Kette verfügen (vgl. Gereffi, Humphrey & Sturgeon 2005, S.89). Entscheidend für die starke Position der Einzelhändler (lead-firms) können verschiedene Faktoren sein. Im Lebensmitteleinzelhandel führen hohe Marktanteile sowie ein hoher Konzentrationsgrad zu Wettbewerbsvorteilen und somit zu mehr Power innerhalb der Kette (vgl. Gereffi 2001,   S. 6). Das heißt, je größer ein Unternehmen aufgestellt ist,   umso größer sind die Einflussmöglichkeiten bei Verhandlungen mit Produzenten und Zulieferern. In den letzten Jahren kam es durch Wettbewerbs- und Preisdruck zu entscheidenden strukturellen Veränderungen den Einzelhandel betreffend. Der Großhandel als Bindeglied zwischen Verarbeiter und Einzelhandel rückt verstärkt in den Hintergrund. Vielmehr verhandeln die Einzelhandelsunternehmen direkt mit Produzenten und Verarbeitern. „Aufgrund der zunehmenden Konzentration im Lebensmitteleinzelhandel hat sich seine Verhandlungsposition gegenüber den Zulieferern erheblich verstärkt." (Zentes/Hurth 1997. In: Wortmann 2003, S.3) Die Verdrängung des Großhandels erfolgte oft durch Aufkauf von Unternehmen (vgl. Rudolph 2001, S.97).

Durch eine verbesserte Machtposition sind Einzelhandelsunternehmen zunehmend in besserer Verhandlungsposition gegenüber den Produzenten und Verarbeitern. Um Kosten einzusparen werden seit Beginn des Jahrtausends verstärkt Aktivitäten übernommen, die früher von Fremdfirmen geleistet wurden. Hauptsächlich geht es dabei um

Tab.2: Umsatzanteil von Handelsmarken 2001

Gesamt	Bier & Süßwaren	Tiefkühlprodukte	Haarpflege	Hygieneartikel
19%	10%	30%	6%	40%

Quelle: nach EHI 2002: 264f. In: Wortmann 2003, S.13

Design und Marketing (vgl. Wortmann 2003, S.10). Eine Folge und zugleich auch Auslöser dieser Entwicklung sind die Handelsmarken, die in den letzten Jahrzehnten zunehmend an Bedeutung gewonnen haben (vgl. Ahlert et al. 2000; Bruhn 2001. In: Wortmann 2003, S. 11). Handelsmarken sind von Einzelhandelsunternehmen eigenständig markierte Produkte, die sich im Vergleich zu Markenherstellern durch einen geringeren Preis auszeichnen und den Kunden dadurch überzeugen sollen, eben nicht den teureren Markenartikel, sondern das Produkt der Eigenmarke zu wählen. Ihr Anteil am Gesamtumsatz stieg kontinuierlich an und lag im Jahr 2001 bei 19 %. Dabei treten zwischen den unterschiedlichen Warengruppen Schwankungen auf (vgl. Tab.2). Diese reichen von 6 % bei Haarwaschmitteln bis zu 40 % bei Hygieneartikeln. Wie groß dabei der Druck ist, den die Händler aufbauen können, ist wieder am Beispiel von Aldi zu erkennen. „Davon kann der Hamburger Importkaufmann Rolf Scheuerle ein Lied singen. Er ist Geschäftsführer der Alfred Graf Import GmbH, eines der größten Importeure von Olivenöl. Seine Marke »Lorena« hatte einen Stammplatz im Aldi-Sortiment - bis im Oktober ein Anruf aus der Zentrale in Essen kam. Er könne sich, so wurde ihm in erhöhter Lautstärke sinngemäß zugerufen, sein Öl in die Haare schmieren, denn es drohe bei einer gerade laufenden Prüfung der Stiftung Warentest mit der Note »ausreichend« abzuschmieren, man habe es deshalb aus den Läden genommen; er solle sein Zeugs gefälligst zurückholen, sofort und auf eigene Kosten." (Meffert 2002, Stern.de). Der Einfluss reicht sogar so weit, dass Markenhersteller für Discounter Waren produzieren. Allerdings meist unter dem Mantel der Eigenmarken oder, wie beim Beispiel Aldi unter Fantasienamen (vgl. Meffert 2002, Stern.de). Vor allem in Polen findet man eine andere Form von Machtausnutzung an. Wollen Produzenten einen Händler als Abnehmer gewinnen, kommt dies nicht selten mit Vorgaben von Seiten des Einzelhändlers einher. Beispielsweise werden Erzeuger angehalten nur vom Händler empfohlene Speditionen zu nutzen. Nicht selten sind diese direkt an diesen Speditionen beteiligt (vgl. Jerzy 2006. S.3).

6. Zusammenfassung

Der Einzelhandel in Deutschland ist geprägt durch verschiedene Entwicklungen. Dem langsamen Strukturwandel, nach den Regeln der Marktwirtschaft, in den alten und dem Transformationsschock nach der, für viele überraschenden, politischen Wende in den neuen Bundesländern. In den letzten Jahren kam es immer wieder zu neuen Einsparungswellen aufgrund von Veränderungen an den Absatzmärkten jeglicher Art. Das geänderte Kaufverhalten im Zuge steigender Arbeitslosigkeit und Marktunsicherheit spielen dabei eine mindestens gleich bedeutende Rolle, wie die Konkurrenz und der Wettbewerb untereinander. Die Unternehmen sind weiter gezwungen alle Möglichkeiten zur Kosteneinsparung zu nutzen um weiterhin wettbewerbsfähig zu bleiben. Zukünftig bleibt abzuwarten ob es zu weiteren Optimierungen innerhalb der Wertschöpfungsketten kommt. Konzepte, liegen jedenfalls längst bereit. Fast alle großen deutschen Handelsunternehmen haben bereits Einkäuferbüros in Asien oder anderen großen Städten weltweit. Auch hier wurde das Glied des Importeurs/Großhändlers verdrängt (vgl. Wortmann 2003, S. 24). Die weitere Entwicklung hängt womöglich von vielen Prozessen ab. Nicht zuletzt die Bewältigung der Weltwirtschaftskrise hat Weichenstellungscharakter für den Einzelhandel.

Literaturliste

Berekoven (1986) : Geschichte des deutschen Einzelhandels, Deutscher Fachverlag, Frankfurt/Main.

Dannenberg (2007) : Cluster-Strukturen in landwirtschaftlichen Wertschöpfungsketten in Ostdeutschland und Polen.

Disch (1966) : Der Groß- und Einzelhandel in der Bundesrepublik, Westdeutscher Verlag, Köln und Opladen.

Jacobsen (1999) : Umbruch des Einzelhandels in Ostdeutschland – Westdeutsche Unternehmen als Akteure im Transformationsprozeß, Frankfurt/Main.

Wilkin et al. (2006) : The dairy sector in Poland. Warsaw University, Warsaw Agricultural University (Hg.), Warsaw.

Klein (1997) : Wandel der Betriebsformen im Einzelhandel. In: Geographische Rundschau, Heft 09

Kulke (1997): Einzelhandel in Europa. In: Geographische Rundschau, Heft 9.

Kulke (2004) : Wirtschaftsgeographie, UTB-Verlage.

Meyer (1992).: Strukturwandel im Einzelhandel der neuen Bundesländer, in: Geographische Rundschau 4/92, S.246-352.

Metro-Handelslexikon 2007/2008 (2007), Neuss.

Panic (1999) : Der Beitrag von Erfahrungen an den Entwicklungsprozessen zur Selbständigkeit, dargestellt am Beispiel von Existenzgründerinnen und Existenzgründern im Einzelhandel in den neuen Bundesländern. Berlin. Online unter: http://edoc.hu-berlin.de/dissertationen/panick-veronika-1999-12-13/HTML/panick.html

Pütz (1997) : Einzelhandel in Polen. In: Geographische Rundschau, Heft 09/97.

Rudolph (201) : Aldi oder Arkaden? Unternehmen und Arbeit im europäischen Einzelhandel (Hrsg. vom Wissenschaftszentrum für Sozialforschung, Abteilung: Organisation und Beschäftigung), Edition Sigma Verlag, Berlin.

Seidel (1999) : Für Rewe war der Osten eine Goldgrube. Online unter: http://www.welt.de/die-welt/wirtschaft/article4876578/Fuer-Rewe-war-der-Osten-eine-Goldgrube.html. Aufgerufen am 30.10.2009 um 22:30

Schenk, Tenbrink & Zündorf (1984): Die Konzentration im Handel. Ursachen, Messung, Stand, Entwicklung und Auswirkungen der Konzentration im Handel und konzentrationspolitische Konsequenzen, Dunker & Humblod, Berlin.

Pütz (1998) : Einzelhandel im Transformationsprozess. Das Spannungsfeld von lokaler Regulierung und Internationalisierung am Beispiel Polen, LIS Verlag, Passau.

Vogels, Boll & Birk (1998): Auswirkungen grossflächiger Einzelhandelsbetriebe

Ver.di – Vereinte Dienstleistungsgewerkschaft (2002) : Strukturwandel . Grenzen oder Chancen für die Qualität im Einzelhandel? Broschüre.

Wortmann : Strukturwandel und Globalisierung des deutschen Einzelhandels. Discussion Paper III 2003-202. Wissenschaftszentrum Berlin für Sozialforschung, 2003.

Internetquellen:

Statistisches Bundesamt (2009) : Pressemitteilung Nr.412 vom 30.10.2009. Unter: http://www.destatis.de/jetspeed/portal/cms/Sites/destatis/Internet/DE/Presse/pm/2009/10/PD 09__412__45212,templateId=renderPrint.psml. Aufgerufen am 30.10.2009 um 17:12 Uhr

http://www.lebensmittelhandel-bvl.de/modules.php?name=Content&pa=showpage&p aufgerufen am 13.11.2009, 8:10 Uhr

http://www.mdr.de/damals/lexikon/1601736.html#absatz2. Aufgerufen am 28.10.2009 um 00:10

http://www.wirtschaftslexikon24.net/d/einzelhandel-retailer/einzelhandel-retailer.html. 20.10.2009, 18:30 Uhr

BEI GRIN MACHT SICH IHR WISSEN BEZAHLT

- Wir veröffentlichen Ihre Hausarbeit,
  Bachelor- und Masterarbeit

- Ihr eigenes eBook und Buch -
  weltweit in allen wichtigen Shops

- Verdienen Sie an jedem Verkauf

Jetzt bei www.GRIN.com hochladen
und kostenlos publizieren